电力线路防外力破坏宣传画册

国家电网公司运维检修部　组编

中国电力出版社
CHINA ELECTRIC POWER PRESS

内 容 提 要

为宣传电力设施保护法律法规，普及电力线路防外力破坏知识，指导电力线路运维人员做好防外力破坏工作，国家电网公司运维检修部组织编制了《电力线路外力破坏案例警示》系列（分为图册、挂图、折页3个分册）、《电力线路防外力破坏宣传》系列（分为画册、挂图、折页3个分册）。

本书是《电力线路防外力破坏宣传画册》，根据外力破坏发生的概率分为施工（机械）破坏、火灾、异物短路、树竹砍伐、盗窃及破坏、其他六大类。本画册结合工作、生活实际，以通俗易懂、图文并茂的方式，宣传电力线路安全防护常识，警示不安全行为，旨在使社会民众能了解身边的电力线路，提高电力设施保护安全意识。

本画册适用于电力企业开展电力设施保护宣传、群众护线宣传等工作，可供电力线路沿线群众，重点区域如施工工地、钓鱼场所、放风筝的广场等人群，相关从业重点人群如特种机械驾驶人员、采砂船业主等阅读使用；也适用于电力线路运行维护人员参考使用。

编 委 会

主　任　王风雷

副主任　杜贵和　张祥全　王　剑

主　编　王　剑

副主编　王志钢　马建国　龚政雄

参　编　彭　波　姜文东　姜海波　曹新宇　金　鹏
　　　　　刘　岩　丁立坤　王海跃　席崇羽　郭建凯
　　　　　周得雨　张　涛　张益霖　杨　松　张　扬
　　　　　柳　杨　辛　苑　严祥纯　黄海涛　季鹏程
　　　　　代礼弘　柏　杨　罗化东　苏　勇　高　超
　　　　　张金春　李豫湘　王岿然　杨　峰　王　成
　　　　　苏良智　任广振　黄肖为　赵　明　杨先进

前 言

电力线路点多、线长、面广，所处地理环境复杂，伴随社会经济的持续发展和城市化水平的不断提高，电力线路运行环境不断恶化，电力线路外力破坏风险日益突出，严重威胁着电网安全。发生电力线路外力破坏故障不仅会给电力企业造成重大的经济损失，还会严重影响电力线路周边民众的生产生活，甚至可能会威胁人身与财产安全。

据统计，2011～2015年国家电网公司发生66kV及以上架空线路故障共计17814次，其中，因外力破坏原因导致的有6133次，占比34.42%，且呈现逐年增长的趋势。发生这些外力破坏故障的原因，一部分是由于肇事者无视法律法规，蓄意破坏所致；更大一部分原因是由于广大群众对防外力破坏相关知识知之甚少，无心之为所致。

为宣传电力设施保护法律法规，普及电力线路防外力破坏知识，指导电力线路运维人员做好防外力破坏工作，国家电网公司运维检修部组织编写了《电力线路防外力破坏宣传》系列（分为画册、挂图、折页3个分册）。本系列以通俗易懂、图文并茂的形式宣传电力线路安全防护常识，警示不安全行为，旨在使社会民众能了解身边的电力线路，提高保护电力设施安全的意识。

本系列由国网吉林省电力有限公司、国网河北省电力公司、国网江苏省电力公司、国网湖北省电力公司、国网浙江省电力公司、国网湖南省电力公司等单位编写。

由于编写人员水平有限，书中难免存在不妥之处，恳请广大读者批评指正。

编者
2016年5月

目 录

前 言

保护区定义 1

 架空线路保护区 边界距离分等级 1

 电力电缆保护区 标桩两侧约一米 2

 水下电缆保护区 河中百米海两里 3

施工（机械）破坏 4

 高大机械慎作业 安全距离不可越 4

 吊车施工多留意 放电危险要规避 5

 塔基附近莫取土 重心失衡易倾覆 6

 线路下方莫堆土 高压电线似猛虎 7

 渣土莫往塔下堆 杆塔倾斜隐患大 8

 保护区内勿建房 人身财产难保障 9

 杆塔不是牵引锚 受力过大致塔倒 10

 线路附近勿爆破 炸伤线路引灾祸 11

 保护区内莫乱挖 电缆受伤影响大 12

河缆附近过舟船　采砂抛锚要禁止 13

火　灾 14

　　易燃物品慎堆放　造成事故恶果酿 14
　　烧荒祭祀莫失火　造成停电损失多 15

异物短路 16

　　棚膜扎牢别乱飘　线路短接事不小 16
　　高空抛物不道德　伤人伤线要负责 17
　　垃圾废物莫乱倒　狂风吹起要糟糕 18
　　垂钓莫在线路旁　触及电线可致命 19
　　燃放烟花远线路　焰火短路酿事故 20
　　气球条幅要扎牢　挂碰导线引危害 21
　　风筝漫天多欢喜　远离电线三百米 22

树竹砍伐 23

　　砍树不要随意倒　安全措施要做好 23

种植树木需留意　超高树种不可以 ······ 24
盗窃及破坏 ······ **25**
　　偷盗塔材属违法　损坏设施要受罚 ······ 25
　　小小拉线作用大　杆塔稳固全靠它 ······ 26
其　他 ······ **27**
　　化学物品莫乱倒　腐蚀电缆就不好 ······ 27
　　铁塔不要拴牲畜　电杆勿附农作物 ······ 28
电力线路杆号标志牌解释 ······ **29**
电力线路常用禁止与警示标识 ······ **30**

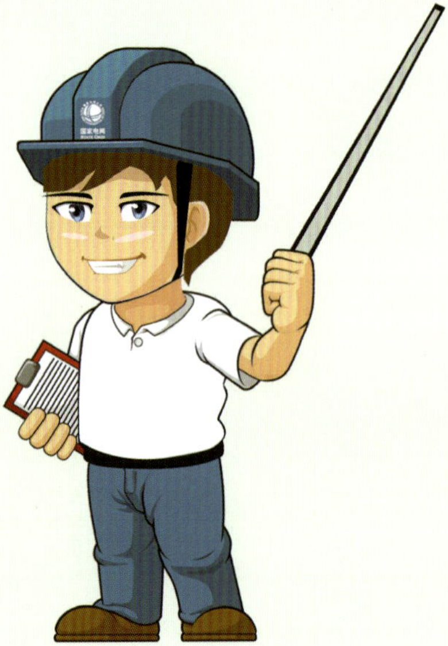

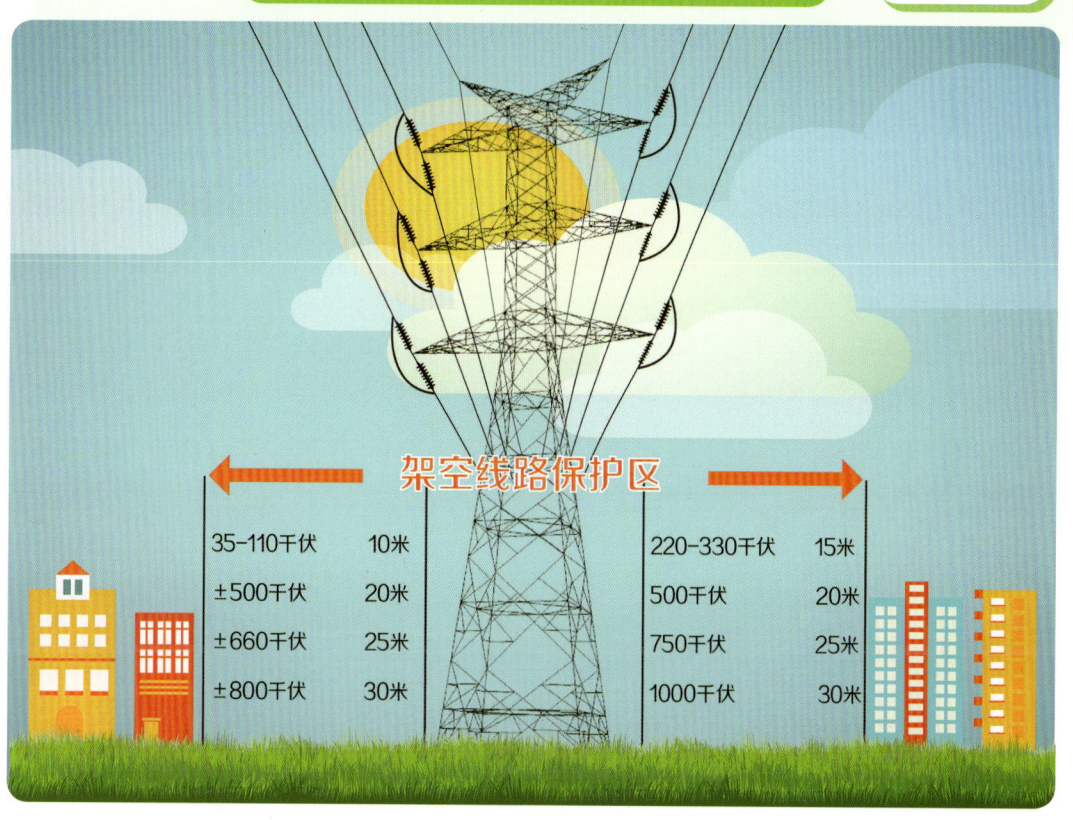

架空线路保护区　边界距离分等级

保护区

保护区定义

架空线路保护区

35-110千伏	10米	220-330千伏	15米
±500千伏	20米	500千伏	20米
±660千伏	25米	750千伏	25米
±800千伏	30米	1000千伏	30米

- 架空电力线路保护区：导线边线向外侧水平延伸并垂直于地面所形成的两个平行面内的区域。
  在一般地区，各级电压导线边线向外侧水平延伸的距离如下：
  35～110 千伏　　 10 米；　　 220～330 千伏　　 15 米；
  ±500 千伏　　　 20 米；　　 500 千伏　　　　 20 米；
  ±660 千伏　　　 25 米；　　 750 千伏　　　　 25 米；
  ±800 千伏　　　 30 米；　　 1000 千伏　　　　 30 米。

保护区

电力电缆保护区　标桩两侧约一米

保护区定义

0.75米　0.75米
电缆线路保护区
电缆线路保护区

- 电力电缆线路保护区：电缆线路地面标桩两侧各 0.75 米所形成的两条平行线内的区域。

水下电缆保护区　河中百米海两里

保护区

保护区定义

- 江河电缆保护区：一般不小于线路两侧各 100 米（中、小河流一般不小于各 50 米）所形成的两条平行线内的水域。

  海底电缆保护区：一般为线路两侧各 2 海里（港内为两侧各 100 米）所形成的两条平行线内的水域。

施工 　　高大机械慎作业　安全距离不可越

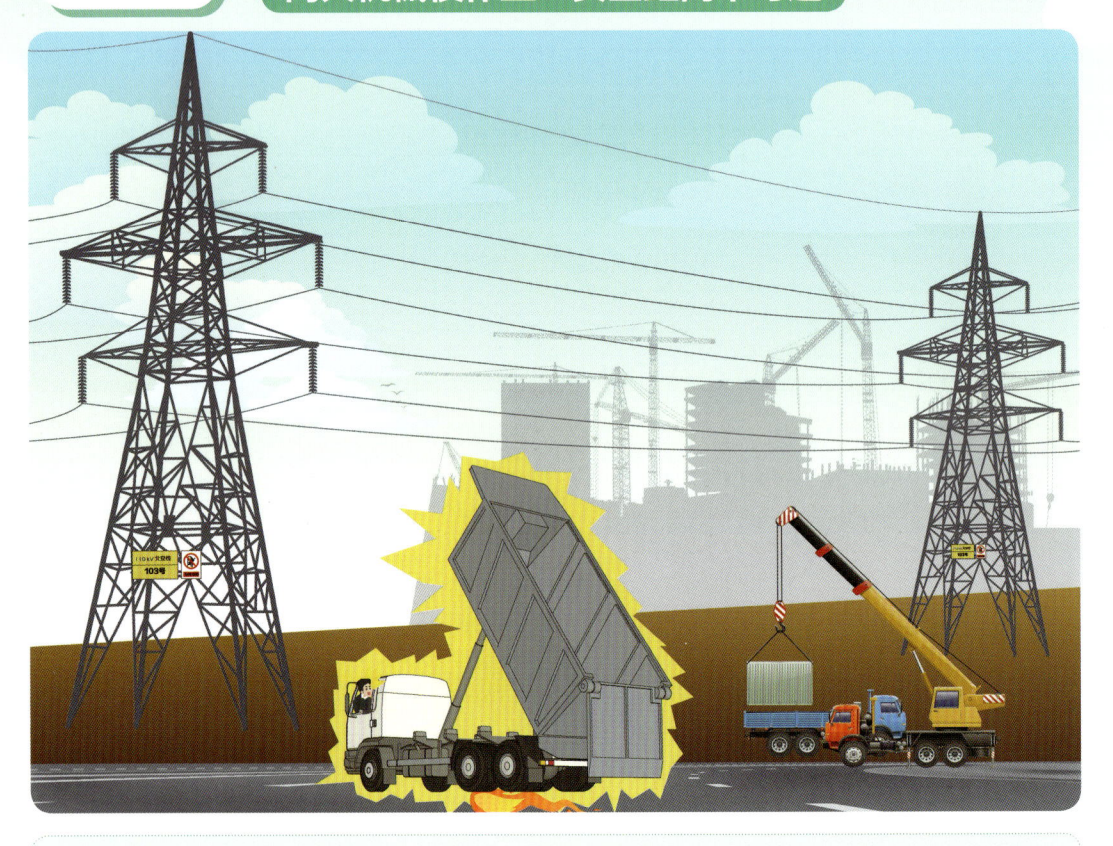

施工（机械）破坏

- 翻斗车、挖掘机、打桩机等高大机械在电力线路附近施工时，应注意与带电线路保持足够的安全距离。在保护区附近进行作业时，请提前与供电公司取得联系，供电公司会免费为您提供现场指导和监护。

吊车施工多留意　放电危险要规避

起吊

施工（机械）破坏

- 吊车等起重机械不得进入电力线路保护区内施工。如需进入作业时，须经地方电力管理部门批准，并采取安全措施后方可作业。

取土

塔基附近莫取土　重心失衡易倾覆

施工（机械）破坏

- 禁止在杆塔、拉线基础外缘 10 米范围内取土、打桩、钻探、开挖，以免杆塔倾倒发生危险。

线路下方莫堆土　高压电线似猛虎

堆土

施工（机械）破坏

- 禁止在电力线路保护区内堆土。以免造成导线对地距离过近，对周边人民生产生活构成安全威胁。

卸土 渣土莫往塔下堆　杆塔倾斜隐患大

施工（机械）破坏

- 禁止在杆塔基础附近堆土。以免铁塔基础或塔材受损而发生倾斜或倒塔。

保护区内勿建房　人身财产难保障

建房

施工（机械）破坏

- 禁止在电力线路保护区内兴建建筑物、构筑物。在保护区内擅自建房，一方面影响电力线路的安全运行，另一方面会被责令拆除而遭受经济损失。

牵引　杆塔不是牵引锚　受力过大致塔倒

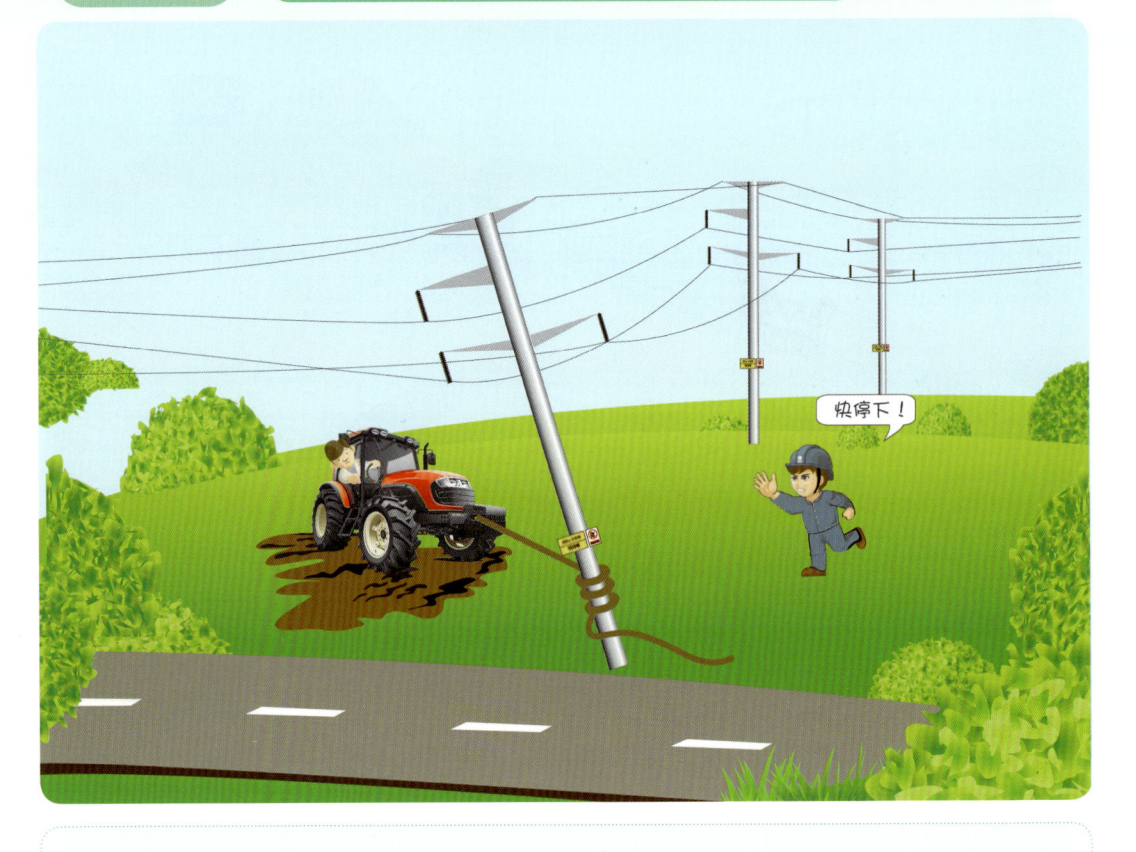

施工（机械）破坏

- 禁止利用电力线路杆塔、拉线做起重牵引地锚。以免杆塔受力过大会发生倾斜，甚至倾倒，造成线路停电。

线路附近勿爆破　炸伤线路引灾祸

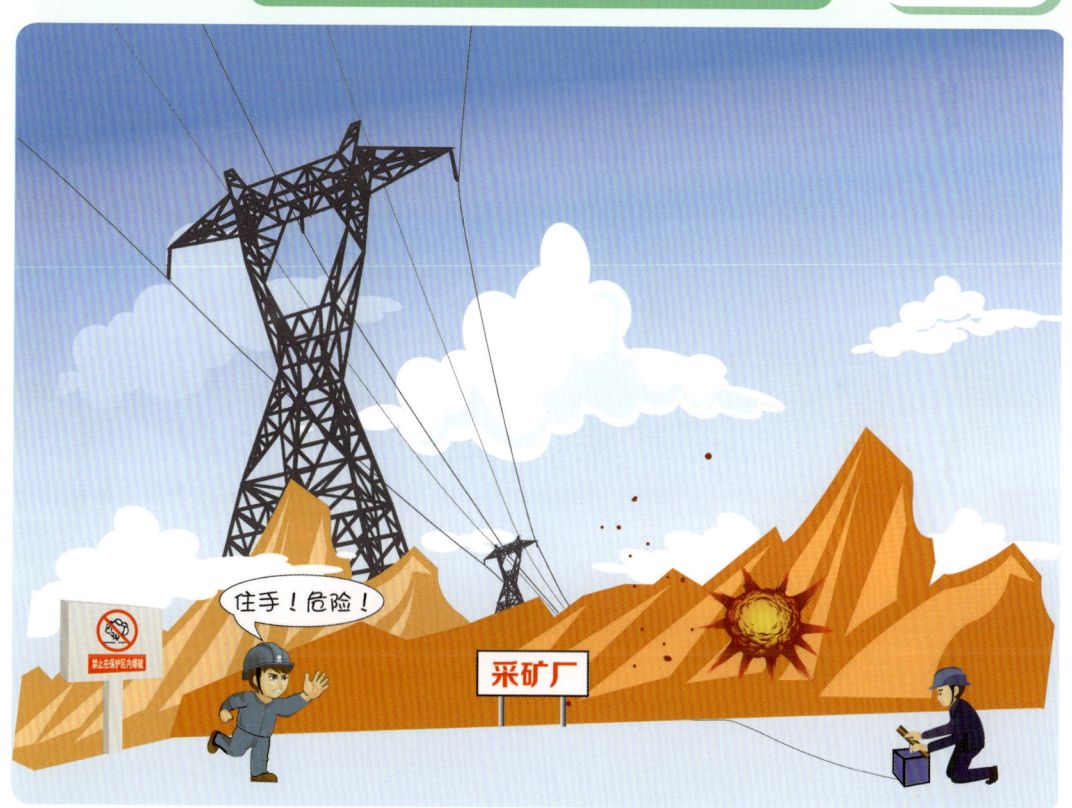

爆破

施工（机械）破坏

- 禁止在电力线路 500 米范围内进行爆破作业，以免飞石对电力线路及其部件造成损坏或导致线路停电。

开挖　　**保护区内莫乱挖　电缆受伤影响大**

施工（机械）破坏

- 禁止在地下电缆保护区内使用机械进行开挖、钻探。以免造成电缆损伤、线路停电，甚至触电伤人。

河缆附近过舟船 采砂抛锚要禁止

抛锚

施工（机械）破坏

- 禁止在江河及海底电缆保护区内抛锚、拖锚；也不要在江河电缆保护区内炸鱼、挖沙，以免损伤电缆造成线路停电。

易燃物品慎堆放　造成事故恶果酿

堆易燃易爆物

火灾

- 禁止在电力线路保护区内堆放易燃、易爆物品。以免发生火灾或爆炸危及电力线路。

烧荒祭祀莫失火　造成停电损失多

烧荒

火灾

● 禁止在电力线路保护区内烧荒、烧窑、祭祀或堆放谷物、草料、秸秆等易燃物，以免发生火灾造成停电事故。

搭建大棚 棚膜扎牢别乱飘 线路短接事不小

异物短路

禁止在线路保护区内搭建彩钢瓦房、塑料大棚，以及堆放锡箔纸、塑料遮阳布（薄膜）等。在电力线路保护区附近建造的相关设施应绑扎牢固。

高空抛物不道德　伤人伤线要负责

抛物

异物短路

不要向电力线路投抛物体！

- 禁止向电力线路抛掷铁丝、金属纸带等物体，以免造成线路损伤或停电。

堆垃圾

垃圾废物莫乱倒　狂风吹起要糟糕

异物短路

- 禁止在电力线路保护区附近堆放、倾倒生活及生产垃圾，以免被风吹上电力线路造成停电。

垂钓莫在线路旁　触及电线可致命

钓鱼

异物短路

- 严禁在电力线路附近钓鱼，以免触碰带电线路发生触电事故。

燃放烟花

燃放烟花远线路　焰火短路酿事故

异物短路

> 小朋友们，在高压线下方燃放烟花爆竹很危险，快远离线路！

- 不得在电力线路保护区附近燃放烟花爆竹、婚庆彩带等，以免对电力线路造成损害。

气球条幅要扎牢　挂碰导线引危害

挂条幅

异物短路

- 在保护区附近悬挂的气球、条幅、广告布要固定牢固,以免飘落至电力线路上影响安全供电。

放风筝

风筝漫天多欢喜　远离电线三百米

异物短路

- 禁止在电力线路导线两侧各 300 米的区域内放风筝，以免风筝线碰触电力线路发生触电事故。

砍树不要随意倒　安全措施要做好

伐树

树竹砍伐

- 在电力线路保护区及附近进行高大树竹砍伐时，请提前与当地供电公司联系，并做好防止树竹倒向电力线路的措施。

植树　种植树木需留意　超高树种不可以

- 禁止在电力线路保护区内种植可能危及电力线路安全的植物，以免植物生长过高影响安全供电。

偷盗塔材属违法　损坏设施要受罚

偷盗塔材

盗窃及破坏

- 偷盗电力线路设施是违法行为，如发现损坏、破坏、盗窃电力线路设施等非法行为，请及时向当地供电公司或公安机关反映或举报。

拆卸器材

小小拉线作用大　杆塔稳固全靠它

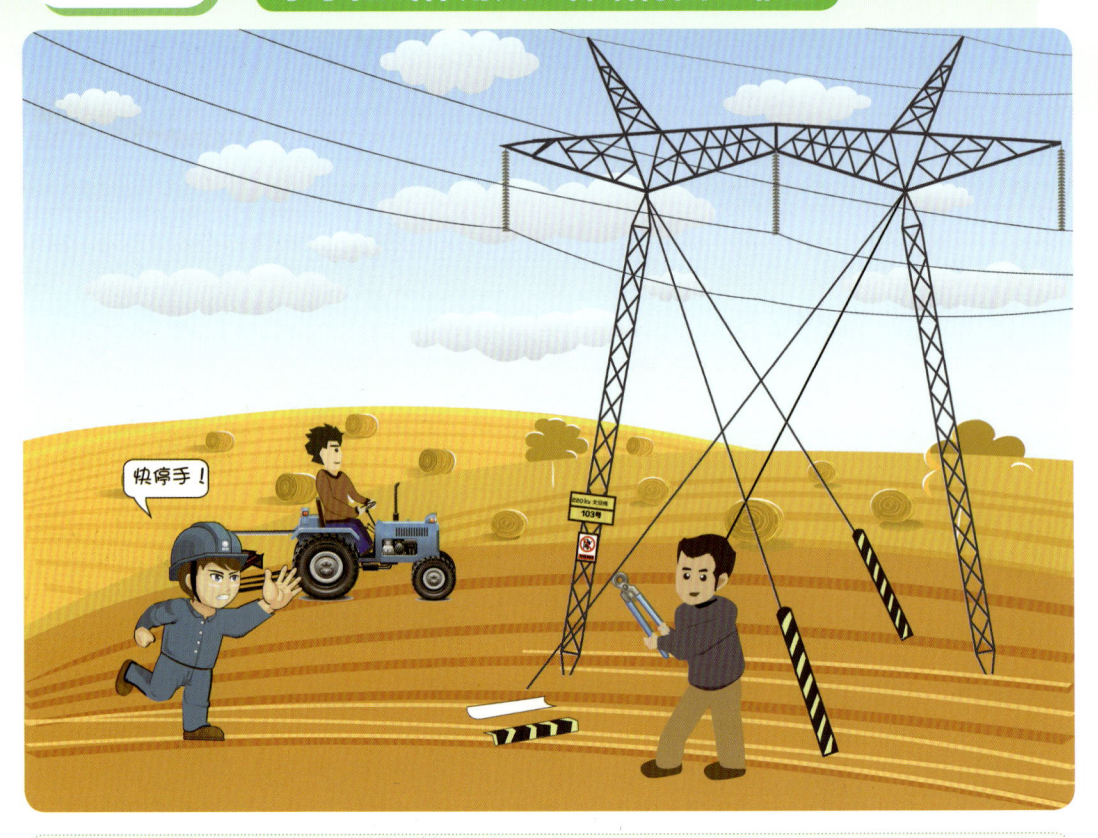

盗窃及破坏

- 禁止拆卸杆塔或拉线上的器材，移动、损坏线路标志牌。以免造成杆塔损伤、倒塔或引发其他安全事故。

化学物品莫乱倒　腐蚀电缆就不好

倾倒腐蚀物

其他

- 禁止在地下电缆保护区内倾倒酸、碱、盐及其他有害化学物品。化学物品会腐蚀电缆保护层，造成电缆破损线路停电。

挂物 — 铁塔不要拴牲畜　电杆勿附农作物

- 禁止在杆塔或拉线上拴牲畜、悬挂物体、攀附农作物，以免造成电力线路故障或引发其他安全事故。

电力线路杆号标志牌解释

电压等级　线路名称

500kV合南1号线

001号

杆塔编号

- **杆号标志牌：** 用于标注线路和杆塔相关信息。
- **电压等级：** 线路运行的额定电压。
- **线路名称：** 线路起止变电站及调度编号。
- **杆塔编号：** 杆塔在线路中所处位置。

电力线路常用禁止与警示标识

禁止烧荒	禁止在线路附近爆破	禁止在高压线附近放风筝	禁止在高压线下钓鱼
禁止取土	禁止堆放杂物	禁止在保护区内植树	禁止在保护区内建房
禁止攀登 高压危险	禁做地桩	禁止向线路抛掷	水泥预制 禁止标识（线路保护区内 禁止植树 举报电话：95598）

限高警示标识（3.5m）

拉线防撞警示标识

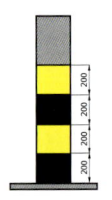

杆塔防撞警示标识

依法保护电力设施人人有责！

  如果您发现电力线路保护区内有危及电力安全的任何行为，或者有任何电力安全问题和疑问需要供电公司帮助和监护时，请及时与供电公司取得联系。

  愿您我的努力能换来共同的平安与社会和谐。

联系电话：**95598**

图书在版编目（CIP）数据

电力线路防外力破坏宣传画册 / 国家电网公司运维检修部组编 . — 北京：中国电力出版社，2016.5
（2021.5 重印）
ISBN 978-7-5123-9378-3

Ⅰ . ①电… Ⅱ . ①国… Ⅲ . ①电力线路－安全教育－普及读物 Ⅳ . ① TM75-49

中国版本图书馆 CIP 数据核字 (2016) 第 111046 号

中国电力出版社出版、发行
（北京市东城区北京站西街 19 号 100005 http://www.cepp.sgcc.com.cn）
北京瑞禾彩色印刷有限公司印刷
各地新华书店经销

*

2016 年 5 月第一版　2021 年 5 月北京第五次印刷
787 毫米 ×1092 毫米　24 开本　1.75 印张　33 千字
印数 16001—26000 册　定价 18.00 元

版 权 专 有　侵 权 必 究

本书如有印装质量问题，我社营销中心负责退换